BEI GRIN MACHT SICH IHR WISSEN BEZAHLT

- Wir veröffentlichen Ihre Hausarbeit, Bachelor- und Masterarbeit

- Ihr eigenes eBook und Buch - weltweit in allen wichtigen Shops

- Verdienen Sie an jedem Verkauf

Jetzt bei www.GRIN.com hochladen und kostenlos publizieren

Michael Wenzel, Bastian Siegmann

Das Umweltraum-Konzept und der Ökologische Fußabdruck/Sustainable Process Index als Ansätze zur Beschreibung von Verteilungsgerechtigkeit

GRIN Verlag

Bibliografische Information der Deutschen Nationalbibliothek:

Die Deutsche Bibliothek verzeichnet diese Publikation in der Deutschen National-
bibliografie; detaillierte bibliografische Daten sind im Internet über http://dnb.d-
nb.de/ abrufbar.

Impressum:

Copyright © 2008 GRIN Verlag GmbH
Druck und Bindung: Books on Demand GmbH, Norderstedt Germany
ISBN: 978-3-640-31621-2

Dieses Buch bei GRIN:

http://www.grin.com/de/e-book/124965/das-umweltraum-konzept-und-der-oeko-
logische-fussabdruck-sustainable-process

Das Umweltraum-Konzept und der Ökologische Fußabdruck / Sustainable Process Index – SPI als Ansätze zur Beschreibung von Verteilungsgerechtigkeit

Wenzel, Michael
Siegmann, Bastian
Studiengang: Diplom Geographie
2008

Inhaltsverzeichnis

Seite

Einleitung

Gibt es Gerechtigkeit? Ist die Welt gerecht? Bin ich es? Was ist überhaupt Gerechtigkeit? Dies sind Fragen, die sich ein Jeder schon einmal gestellt hat, sie aber nur schwer beantworten kann. Ist es gerecht, dass ein einziger Mensch Milliarden an Dollar in einem Jahr verdient, während andere leer ausgehen? Ist es gerecht das Menschen verhungern oder verdursten, während wir das Essen wegschmeißen? Oder ist es gerecht, dass die Industrienationen den Treibhauseffekt durch ihre Lebensweise verstärken und an anderen Orten der Erde gehäufte Naturkatastrophen, wie Tsunamis, tausende Menschenleben fordern? Ist die „Natur" gerecht? Ist Gerechtigkeit vielleicht gleich zu setzen mit Balance, Gleichgewicht oder Gleichheit? Diese Fragen kann kaum ein Mensch beantworten!

Aber mit diesen Hintergedanken wird nach Indikatoren und Ansätzen für Gerechtigkeit geforscht. Es werden Lösungen gesucht, wie man Gerechtigkeit erfassen, beschreiben und sogar darstellen kann. Es gibt eine Vielzahl an Arten von Gerechtigkeit, wie z.B. Chancengerechtigkeit oder soziale Gerechtigkeit, in dieser Arbeit soll es allerdings hauptsächlich um die Verteilungsgerechtigkeit gehen. Also um Fragen der Ressourcenverteilung, Flächenverteilung, Nahrungs- und Trinkwasserverteilung und Ähnliches. Welche Ansätze und Möglichkeiten gibt es also, um diese Verteilungen zu beschreiben?

Mit dem Thema: „Das Umweltraum-Konzept und der Ökologische Fußabdruck / Sustainable Process Index – SPI als Ansätze zur Beschreibung von Verteilungsgerechtigkeit", werden die bedeutendsten Ansätze einzeln vorgestellt, erklärt und bewertet. Anhand von Beispielen und Berechungen soll deutlich werden, wie stark wir „unsere Erde" beanspruchen und ob wir nachfolgenden Generationen diese Bürde mit auf den Weg geben sollten, oder ob wir Lösungen finden effizienter, ressourcenschonender, naturfreundlicher und damit nachhaltiger Leben zu können.

1.   Das Umweltraum - Konzept

1.1   Definition

Seit Ende der 80er Jahre und spätestes seit der Konferenz in Rio 1992 ist deutlich geworden, dass in Zukunft ein Wandel im Denken und vor allem im Handeln der Menschen stattfinden muss, um auch für zukünftige Zeiträume die natürlichen Lebensgrundlagen zu erhalten. Das Modell des Umweltraums, das Hans Opschoor Anfang der 90er Jahre für die Niederlande entwickelte, stellt dafür einen möglichen Handlungsrahmen dar. „Der Umweltraum bezeichnet den Raum, den die Menschen in der natürlichen Umwelt benutzen können, ohne wesentliche Charakteristika nachhaltig zu beeinträchtigen" (BUND/MISEREOR 1996, S. 27). Der Umweltraum ergibt sich in diesem Zusammenhang aus der ökologischen Tragfähigkeit von Ökosystemen, der Regenerationsfähigkeit natürlicher Ressourcen und der Verfügbarkeit von Ressourcen. Daran wird deutlich, dass erstmals Grenzen des Wachstums (z.B. Wirtschaftswachstum) berücksichtigt werden, die sich aus der natürlichen Ausstattung und den verschiedenartigen Prozessen eines Raumes ergeben. Der Umweltraum soll aber keinesfalls ein starres Gebilde sein, das keine Reaktionen auf Veränderungen zeigt. So kann sich der Umweltraum zum Beispiel anhand der Rekultivierung von Landschaften vergrößern, und im Gegensatz dazu durch die Versiegelung weiterer Flächen wieder verkleinern.

Hinzu kommt die Berücksichtigung der zahlreichen Nutzungsmöglichkeiten der Umwelt für den Menschen, die das Umweltraum-Konzept von anderen starren und einseitigen Konzepten unterscheidet und seine Vielseitigkeit verdeutlicht. In dieser Beziehung werden beispielsweise die Bereitstellung von Rohstoffen, die Aufnahme von Reststoffen, die Regelung lebenswichtiger geochemischer und biologischer Kreisläufe sowie die Schönheit der Landschaft oder einzelner Arten beachtet (BUND/MISEREOR 1996, S. 27).

Aus ökologischer Sicht vereint das Konzept verschiedene regionale Ansätze und erweitert diese auch, so dass eine globale Anwendung möglich wird. „Das Konzept des Umweltraums ist so gesehen ein Versuch, praktikable und gehbare Schritte zu entwickeln, mit denen die Wahrscheinlichkeit einer zukunftsfähigen Entwicklung erhöht werden kann" (BUND/ MISEREOR 1996, S. 28).

Neben dem ökologischen Gesichtspunkt beinhaltet das Umweltraum-Konzept noch die internationale Gerechtigkeit als einen weiteren wichtigen und sogar notwendigen Aspekt. In diesem Zusammenhang soll nicht nur dafür gesorgt werden, dass zukünftigen Generationen den Anspruch auf eine intakte Natur erheben können, sonder das auch gegenwärtig eine weltweite Chancengleichheit entsteht. Durch diese wird jedem Menschen das gleiche Recht eingeräumt die weltweit vorhandenen Ressourcen in Anspruch zu nehmen, solang die Umwelt dadurch keinen Schaden nimmt.

Der Aspekt der internationalen Gerechtigkeit stellt dabei auch kein Hindernis für die Umsetzung der ökologischen Ziele dar, vielmehr werden damit auch soziale Aspekte mit einbezogen, die in der Vergangenheit oft vernachlässigt wurden. Daran soll deutlich werden, dass nachhaltige Entwicklung nur unter Einbezug beider Aspekte des Umweltraum-Konzeptes stattfinden kann, da internationale Gerechtigkeit und der Schutz der Natur eng miteinander in Verbindung stehen.

1.2 Die Ungleiche Verteilung des Umweltraums

Zweifellos wird die Erkenntnis bezüglich der Übernutzung unserer Natur weltweit immer größer. Die gegenwärtige Bedürfnisbefriedigung hat keine Dauerhaftigkeit. Die anhaltende Erschließung von Ressourcen und täglich Verschmutzung unserer Umwelt, könnten die Erde in naher Zukunft unbewohnbar machen.

„Zu den wichtigsten Problemen zählen:

- Erschöpfung der begrenzten unterirdischen Reichtümer (fossile Energie, Mineralien, Metalle)
- Überbeanspruchung regenerierbarer Rohstoffressourcen und Böden wodurch die Reproduktion gefährdet wird (Holz, landwirtschaftliche Fläche)
- Einleitung von Reststoffen und unbrauchbaren Substanzen in Boden, Wasser und Luft, wodurch sich diese Abfälle in der Umwelt ansammeln

Zusammengefasst verbrauchen wir von der Erde zuviel und zu schnell und wir produzieren zu viele Abfälle. Wir machen es der wachsenden Weltbevölkerung immer schwerer, auf dieser Erde ein menschenwürdiges Dasein zu führen" (Institut für sozial-ökologische Forschung [Hrsg.] 1994, S. 18 f.).

Anschließend stellt sich nun aber die Frage, wer trägt die Hauptverantwortung für den Raubbau an der Natur und wer nutzt den größten Teil der weltweit zur Verfügung stehenden

Flächen und Rohstoffe und entscheidet über diese. Die Antwort ist denkbar einfach. Der reiche industrialisierte Westen benötigt die meiste Ressourcen. Obwohl nur ein Viertel der Weltbevölkerung in diesen Ländern lebt, werden dennoch jährlich Dreiviertel der global vermarkteten Rohstoffe und Energie verbraucht. Die weltweite Vormachtstellung dieser Staaten und die damit verbundene verschwenderische Lebensweise sowie die Aufrecht-erhaltung und Steigerung des Wohlstands drücken sich in verschiedenen Sachverhalten aus. So liegen die Schadstoffemissionen und der Verbrauch von Rohstoffen der Industrieländer weit über dem Niveau der übrigen Länder der Welt.

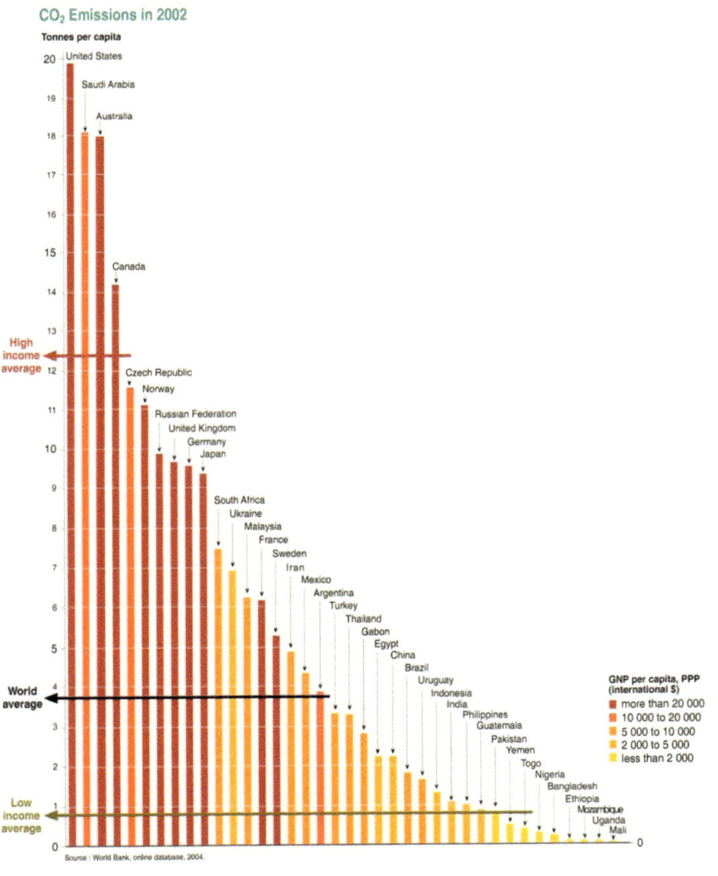

Abb. 1: CO₂-Emissionen verschiedener Staaten 2002
Quelle: http://www.greenparty.ca/files/web_national_carbon_dioxide_co2_emissions_per_capita%20655.jpg

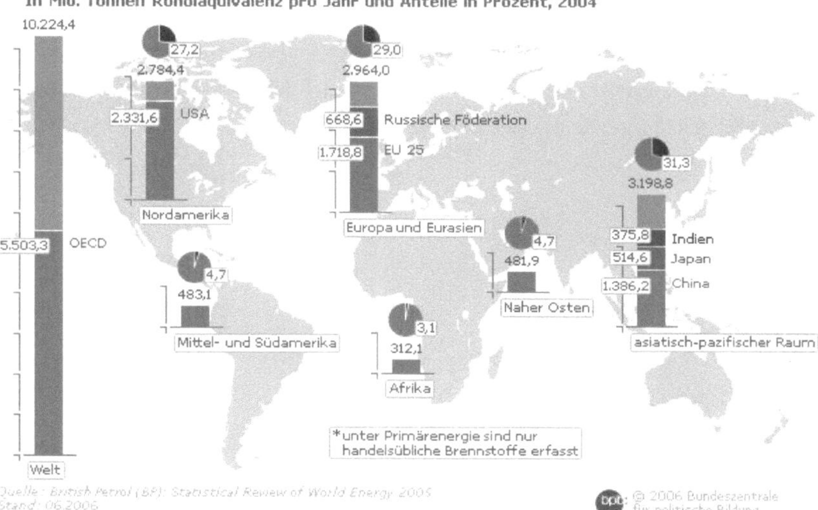

Abb. 2: Verbrauch von Primärenergie nach Regionen
Quelle: http://www.bpb.de/wissen/L5CN0Z,0,0,Verbrauch_von_Prim%E4renergie_nach_Regionen.html

Die Entwicklungen in einigen Schwellenländern wie zum Beispiel Brasilien, China und Indien geben zusätzlich Grund zur Sorge. Nach dem Vorbild des Westens findet in diesen Ländern momentan der Prozess der Industrialisierung statt, der mit einem hohen Energieverbrauch, einer enorme Flächeninanspruchnahme und erheblichen Umweltschäden verbunden ist. Gerade diese Länder von einer nachhaltigen Entwicklung zu überzeugen erscheint schwierig, wenn auch die Industriestaaten eine solche Entwicklung nur halbherzig verfolgen.

Der wachsende Reichtum der westlichen Welt und einiger Schwellenländer hat zur Folge, dass die nicht entwickelten Staaten immer mehr in die Rolle des Rohstofflieferanten gedrängt werden. Die Ausbeutung der Länder des Südens, für die Aufrechterhaltung eines Lebensstandards in der westlichen Welt, der nicht zukunftsfähig ist, zeigt die Ungerechtigkeit der weltweiten Verteilung von Ressourcen.

Hinzu kommen gravierende ökologische Probleme, die auch in den Entwicklungsländern entstehen, durch den anhaltenden Abbau von Rohstoffen und der ständigen Erweiterung der landwirtschaftlichen Nutzfläche in dafür nicht geeignete Gebiete. Daraus ergibt, sich dass auch in diesen Länder eine Überdehnung des Umweltraums statt findet.

Auf keinen Fall darf aber bei der Betrachtung des weltweit zu Verfügung stehenden Umweltraums die natürliche Verteilung von Ressourcen unbeachtet bleiben. Aufgrund der Lage der Kontinente und den verschiedenen Klimaten ergibt sich beispielsweise die Situation, dass nicht überall auf der Erde derselbe Vorrat an Trinkwasser vorhanden ist.

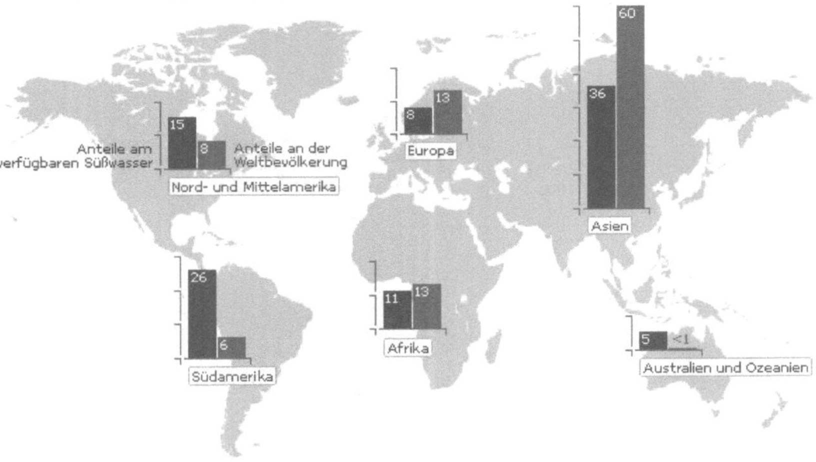

Abb. 3: Globale Wasserverfügbarkeit
Quelle: http://www.bpb.de/wissen/VGPF7A,0,0,Wasserverf%FCgbarkeit.html

„Eine gerechte Verteilung des Zugangs zu natürlichen Ressourcen ist somit eine unabdingbare politische Voraussetzung, wenn man eine dauerhafte Entwicklung realisieren will" (Institut für sozial-ökologische Forschung [Hrsg.] 1994, S. 20). Daran zeigt sich, dass gerade zukünftige politische Entscheidungen eine enorm wichtige Rolle spielen für eine mögliche Umsetzung des Umweltraum-Konzeptes und damit auch für eine nachhaltige Entwicklung.

1.3   Methodik zur Ermittlung des Umweltraums

Um das Konzept des Umweltraums zu verstehen, muss deutlich gemacht werden, dass eine nachsorgende Politik der Schadstoffkontrolle bei weitem nicht ausreicht um eine Verbesserung unserer Umweltsituation herbei zu führen. Vielmehr müssen die Umsätze von Energieträgern und Stoffen, die durch Dienstleistungen und bei der Herstellung von Produkten anfallen, deutlich gesenkt werden. Denn gerade diese Prozesse führen zur Bildung von Abfällen, Schadstoffen und Emissionen, die die Natur auf lange Sicht schädigen. Um eine Reduktion der Stoff- und Energieumsätze zu erreichen, wurden folgende allgemeine Regeln aufgestellt, die die Grundlage für die Ermittlung des Umweltraums darstellen.

1. Die Nutzung einer erneuerbaren Ressource darf nicht größer sein als ihre Regenerationsrate.

2. Die Freisetzung von Stoffen darf nicht größer sein als die Aufnahmefähigkeit der Umwelt.

3. Die Nutzung nichterneuerbarer Ressourcen muss minimiert werden. Ihre Nutzung soll nur in dem Maß geschehen, in dem ein physisch und funktionell gleichwertiger Ersatz in Form erneuerbare Ressourcen geschaffen wird.

4. Das Zeitmaß der menschlichen Eingriffe muss in einem ausgewogenem Verhältnis zum Zeitmaß der natürlichen Prozesse stehen, sei es der Abbauprozess von Abfällen, die Regenerationsrate von erneuerbaren Rohstoffen oder Ökosystemen.

(BUND/MISEREOR 1996, S. 30)

Diese vier Regeln sind natürlich nur sehr allgemein und sagen wenig darüber aus welche Maßnahmen ergriffen werden müssen um konkrete umweltpolitische Ziele zu formulieren. Sie bilden aber dennoch einen Rahmen, der klar absteckt, innerhalb welcher Grenzen Festlegungen getroffen werden sollten um eine nachhaltige Entwicklung zu gewährleisten.
Das Konzept des Umweltraums beschränkt sich dabei nicht nur auf die nationalstaatliche Ebene, auch wenn es einst anhand der Niederlande entwickelt wurde und als Grundlage für

den Bericht „Sustainable Netherlands" diente. Das Konzept soll eigentlich dazu dienen weltweite Schutzziele zu ermitteln, die international gesehen wenige Risiken bergen, und dass sich eine Dynamik entwickelt, die zur weiteren Reduktionsbestrebungen führt (BUND/ MISEREOR 1996, S. 32).

Um sich den Umweltraum bildlich vorstellen zu können, muss er analog einem mehrdimensionalen Koordinatensystem aufgespannt werden. Dabei stellt die x-Achse die Ressourcenbestände, die y-Achse die Regenerationsrate der Ressourcen (zeitlicher Bezug) und die z-Achse die Umweltbelastung (environmental pressure) dar. Dieses Koordinatensystem lässt den Umweltraum als ein abstraktes mathematisches Modell erscheinen, das aber einen Raum definiert, dessen Wände die Grenze der Umweltnutzung anzeigen. Als Resultat ergibt sich ein dreidimensionales Modell der Umwelt, das den Vorstellungen eines Lebensraumes entspricht. Mit diesem räumlichen Gebilde entsteht nun der Eindruck einer vollständigen Erfassung aller globalen Prozesse, weswegen auf das Konzept des Umweltraums auch weltweit immer wieder in verschiedenen Studien zurückgegriffen wurde (Höhler, S./Luks, F. 2007, S.72 f.).

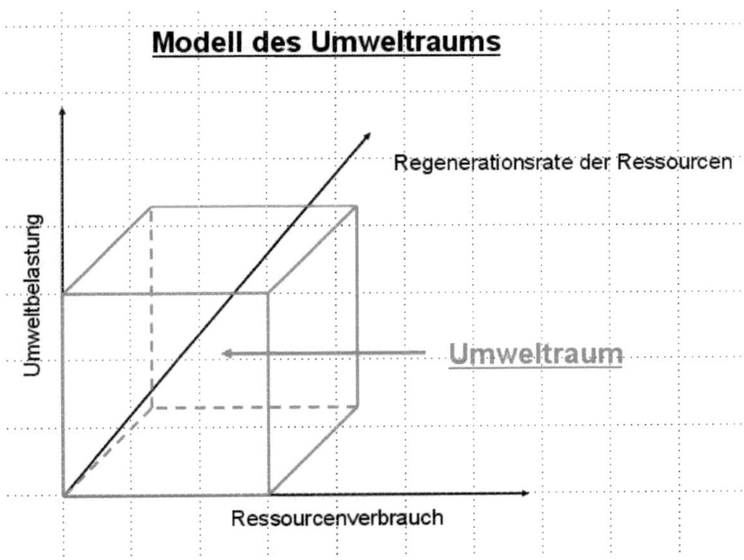

Abb. 4: Mathematisches Modell des Umweltraums
Quelle: eigene Darstellung

Um die schon weiter oben im Text zierten Regeln, die die Grundlage für den Umweltraum bilden, in Zukunft befolgen zu können, müssen auf politischem Weg eindeutig quantifizierbare Ziele anhand von Indikatoren festgelegt werden. Die Ermittlung solcher Indikatoren hat sich in der Vergangenheit als recht schwierig erwiesen, da die Bewertung der Interaktionen zwischen Umwelt-, Bevölkerungs-, Sozial- und Entwicklungsparametern sehr komplex ist und größtenteils noch nicht erfasst wurde. Eines der wichtigsten Ziele für die Zukunft besteht deshalb darin solche Indikatoren zu entwickeln um eine zukünftige nachhaltige Entwicklung sicher zu stellen. Aus diesem Grund findet momentan oft noch eine Beschränkung auf den bereich der Umweltindikatoren statt, die zu einem späteren Zeitpunkt dann in ein Gesamtsystem von Indikatoren integriert werden müssen. Die Umweltindikatoren erhalten deshalb einen so hohen Stellenwert, da sie für die nachhaltige Entwicklung eminent wichtig sind, bezüglich des Erhaltes der natürlichen Lebensgrundlagen. Die nachfolgende Abbildung zeigt einen Kriterienkatalog für ein nationales Umweltindikatorensystem, der 1996 in der Studie „Zukunftsfähiges Deutschland" ermittelt wurden.

Orientierung am Leitbild einer zukunftsfähigen Entwicklung	Ökologische Grundanforderungen	Allgemeine wissenschaftliche Anforderungen	Pragmatische und politische Anforderungen
• Ressourceneffizienz • Tragekapazität • Gesundheitsschutz • Bezug zu Zielgrößen	• Räumliche Erfassung, Bewertung und Darstellung der Umweltbelastung • Erfassung von Mehrfachbelastungen • Adäquanz der Zeiträume • Erfassung zeitlicher Spitzenbelastungen • Frühwarnung/Vorsorgeorientierung • Einfluß auf Stoffe, Strukturen, Funktionen • Betonung des Risikos der Irreversibilität	• Transparenz des Modells • Verläßlichkeit, Reproduzierbarkeit • Nachvollziehbarkeit der Aggregation • Nachvollziehbarkeit der Selektion	• Ökonomischökologische Relevanz • Politische Steuerbarkeit und Zielorientierung • Verständlichkeit, Überschaubarkeit • Internationale Kompatibilität • Vertretbarkeit des Aufwands

Abb. 5: Kriterienkatalog für ein nationales Umweltindikatorensystem
Quelle: BUND/Misereor (1996), S. 39

1.4   Lösungsmöglichkeiten durch Anwendung des Umweltraums

Um zu überprüfen, ob die Art der Herstellung und des Verbrauchs eines Landes weltweiten Verteilungsgerechtigkeit entspricht, könnte die Nutzung der natürlichen Ressourcen und die Verschmutzung dieses Landes mit dem zur Verfügung stehenden Kapazitäten verglichen werden. Die verfügbaren Kapazitäten für ein Land ergeben sich dann aus den globalen Kapazitäten geteilt durch die Anzahl der Weltbevölkerung und multipliziert mit der Einwohnerzahl eines Landes. Das Ergebnis verdeutlicht die extreme Ungleichverteilung der Ressourcen weltweit. Doch selbst wenn es in Zukunft eine Gleichverteilung der Ressourcen gäbe, heißt das noch lang nicht, dass die Entwicklung nachhaltig sein muss. Um eine weltweite Beschränkung auf den Umweltraum zu erreichen, sollten sich nicht nur die Industrienationen in vielerlei Hinsicht einschränken, sonder es müssten auch folgende Ziele in Angriff genommen werden.

- Technische Maßnahmen wie Säuberung, Reinigung und Einsammeln von zahlreichen Materialien; diese Maßnahmen werden gleichsam an die bestehende Art der Herstellung und des Konsums angehängt
- Strukturelle Anpassung der Art und Weise, wie wir herstellen und konsumieren
- Maßnahmen in Hinsicht auf das Volumen („den Gürtel enger schnallen", weniger produzieren und verbrauchen)

„Es ist gewiss, so ergibt sich aus verschiedenen Analysen, dass nur Kombinationen aus technischen, strukturellen und auf das Volumen abzielenden Maßnahmen dafür sorgen können, dass wir uns tatsächlich auf unseren Umweltraum beschränken" (Institut für sozial-ökologische Forschung [Hrsg.] 1994, S. 21).

Um einen solchen Maßnahmenkatalog durchsetzen zu können, bedarf es einer grundlegenden Änderung bezüglich der Einstellung der Menschen der westlichen Welt. Das vor allem seit Ende des 2. Weltkriegs anhaltende Wachstum des Konsums und der Reallöhne ist auf Dauer nicht mit der Beschränkung auf den Umweltraum zu vereinbaren. Es muss ein Umdenken in den Köpfen der Menschen stattfinden. In Zukunft sollten vermehrt qualitative anstatt quantitativen Zielen verfolgt werden. Zwar kann es auch noch Wachstum in einigen Bereichen des Konsums geben, aber dem gegenüber stehen dann Reduzierungen in anderen Konsumbereichen.

Für die Erstellung eines Katalogs, der der nachhaltigen Entwicklung eines Landes dienen soll, müssen quantifizierbare Zahlen und Indikatoren ermittelt werden. Es könnten leicht hunderte Indikatoren gefunden werden. Wahrscheinlich würde man damit aber die politische Relevanz und Kommunizierbarkeit zerstören. Die nachfolgenden Ziele und Indikatoren wurden in den 90er Jahre im Rahmen des Berichtes „Zukunftsfähiges Deutschland" für die BRD aufgestellt.

Umweltindikator	Umweltziel (kurzfristig) 2010	Umweltziel (langfristig) 2050
RESOURCENENTNAHME		
Energie		
Primärenergieverbrauch	mindestens – 30 %	mindestens – 50 %
fossile Brennstoffe	– 25 %	– 80 bis 90 %
Kernenergie	– 100 %	
erneuerbare Energie	+ 3 bis 5 % pro Jahr	
Energieproduktivität[1]	+ 3 bis 5 % pro Jahr*	
Material		
nicht erneuerbare Rohstoffe	– 25 %	– 80 bis 90 %
Materialproduktivität[2]	+ 4 bis 6 % pro Jahr*	
Fläche		
Siedlungs- und Verkehrsfläche	absolute Stabilisierung, jährliche Neubelegung – 100 %	
Landwirtschaft	flächendeckende Umstellung auf ökologischen Landbau, Regionalisierung der Nährstoffkreisläufe	
Waldwirtschaft	flächendeckende Umstellung auf naturnahen Waldbau, verstärkte Nutzung heimischer Hölzer	
STOFFABGABEN/EMISSIONEN		
Kohlendioxid (CO_2)	– 35 %	– 80 bis 90 %
Schwefeldioxid (SO_2)	– 80 bis 90 %	
Stickoxide (NO_x)	– 80 % bis 2005	
Ammoniak (NH_3)	– 80 bis 90 %	
flüchtige organische Verbindungen (VOC)	– 80 % bis 2005	
synthetischer Stickstoffdünger	– 100 %	
Biozide in der Landwirtschaft	– 100 %	
Bodenerosion	– 80 bis 90 %	

1 Primärenergieverbrauch bezogen auf die Wertschöpfung (Brutto-Inlandsprodukt)
2 Verbrauch nicht erneuerbarer Primärmaterialien bezogen auf die Wertschöpfung
* Bei jährlichen Wachstumsraten des Brutto-Inlandsprodukts von 2,5 %. Allerdings ist zu betonen, dass die Erreichung der langfristigen Umweltziele bei anhaltendem Wirtschaftswachstum nicht gelingen kann.

Abb. 6: Umweltpolitische Ziele eines zukunftsfähigen Deutschlands
Quelle: BUND/ Misereor 2002, S. 113

1.5 Kritik am Umweltraum- Konzept

Das Konzept des Umweltraums enthält wichtige Grundlagen und Rahmenbedingungen für eine nachhaltige Entwicklung, dennoch müssen einige Dinge kritisch betrachtet werden. Die in einigen Studien geforderte zukünftige Selbstversorgung eines Staates, zur Einsparung von Energie für den Transport von Gütern, kann zu erheblichen Problemen führen. Viele Entwicklungsländer würden die Absatzmärkte für ihre Rohstoffe bzw. landwirtschaftlichen Erzeugnisse verlieren. Industrieländern hätten keine Abnehmer mehr für ihre Fertigprodukte im Ausland. Schon dieses einfache Beispiel belegt, dass die politische und wirtschaftliche Komponente innerhalb des Umweltraumkonzeptes keine deutliche Beachtung findet.

Hinzu kommt, dass die schon angesprochene alleinige Betrachtung von Umweltindikatoren den Umweltraum zu stark reduziert. Die Gleichsetzung des Umweltraums mit der Umwelt bzw. der Natur, wie sie in den Studien „Zukunftsfähiges Deutschland" und „Sustainable Netherlands" erfolgt, reicht nicht aus um die Komplexität aller ablaufenden Prozesse, ob nun natürlich oder anthropogen geprägt, zu erfassen. Allerdings wird in diesen Studien auch darauf hingewiesen, dass noch längst nicht alle globalen Abläufe wissenschaftlich erforscht sind und diese daher auch nicht berücksichtigt werden können. Paradoxerweise beansprucht der Umweltraum als räumliches Gebilde aber eine gewisse Vollständigkeit bezüglich der Erfassung aller globalen Prozesse (Höhler, S./Luks, F. 2007, S.72 f.).

Die Festlegung einer möglichen Fläche der Umweltnutzung, kann durch das Konzept des Umweltraums nur sehr wage erfolgen. Aus diesem Grund beschäftigt sich der nächste Abschnitt mit dem „Ökologischen Fußabdruck", da die räumliche Komponente bei diesem Modell eine zentrale Stellung einnimmt.

2.   Der Ökologische Fußabdruck

Dieser Ansatz oder Indikator zur Beschreibung von Verteilungsgerechtigkeit veranschaulicht den Einfluss des Menschen auf die Umwelt in einfacher, verständlicher und bildlicher Art und Weise.

„Der Stärkere gewinnt!", aber „Der Wettbewerb besiegt Alle!"

Zunächst ist es nur natürlich, dass ein stärkeres oder schlaueres Individuum, so auch der Mensch, sich gegen ein Schwächeres durchsetzt. Aber wie weit kann man dieses Spiel der Kräfte treiben? Welche Grenzen hat dieser Wettbewerb?

Im Grunde ist die Grenze, unsere Erde! Wer „Sie" zu sehr „ärgert", muss früher oder später mit dem „Schlimmsten" rechnen. Die Menschheit hat eine Phase des Wettbewerbs erreicht, in der die Grenzen schon weit überschritten sind. Wir fressen die Erde auf! Ob das klug ist, seinen eigenen begrenzten Lebensraum auszubeuten und ihn damit weniger lebenswert zu machen, kann sich Jeder selbst beantworten. Um die Zeichen der Zeit zu erkennen bedarf es also gesellschaftspolitischer Ansätze, wie den Ökologischen Fußabdruck, mit dessen Hilfe ein verständlicher Zugang zu diesem Problem der Überbeanspruchung unseres Planeten, der breiten Masse der Bevölkerung, in einfacher bildlicher Darstellung, präsentiert wird. In diesem Kapitel wird es darum gehen diesen Ansatz zu beschreiben, zu erklären, zu interpretieren und dessen Berechnung und Anwendungsmöglichkeiten zu erläutern.

Dieses gesamte zweite Kapitel basiert im Grunde auf dem Buch von Wackernagel und Rees, „Unser ökologischer Fußabdruck. Wie der Mensch Einfluß auf die Umwelt nimmt". Diese beiden Autoren haben dieses Konzept des Fußabdrucks in den 90er Jahren entwickelt und damit einen sehr guten, bildlichen Zugang zu dem großen Thema Verteilungsgerechtigkeit geschaffen.

2.1   Was ist der Ökologische Fußabdruck?

Die Grundbedingung für Leben auf der Erde, ist die Natur, die lebenserhaltende Funktionen wie Klimastabilität, Wasserkreisläufe, Biodiversität oder Strahlungsschutz bereitstellt, um unser Überleben zu sichern. Wenn wir also nachhaltig Leben wollen und auch zukünftigen

Generationen das Überleben auf diesem Planeten ermöglichen möchten, dürfen wir unsere Umwelt nicht schneller aufbrauchen, als diese sich erneuern kann. Die Natur ist nun mal kein ersetzbares Verbrauchsgut, das wir ohne Rücksicht auf Verluste nutzen können.

„Der ökologische Fußabdruck ist ein Werkzeug, um unseren Naturverbrauch zu bilanzieren. Mit seiner Hilfe lässt sich der Naturverbrauch der Menschen messen. Die Energie- und Materialflüsse in einer Wirtschaftseinheit werden geschätzt und umgerechnet in Wasser- und Landflächen, die nötig sind, um diese Flüsse aufrechtzuerhalten" (Wackernagel, 1997, S. 23). Damit können also Städte, Regionen oder Länder der Erde auf deren Naturverbrauch verglichen werden, um Strategien zu entwickeln, wie eine gerechte Verteilung der vorhandenen Natur in all Ihren Fassetten (Fossile Ressourcen, Wälder, Ackerflächen, Weiden, bebaute Flächen, Fischbestände, etc) ermöglicht werden kann, um das Überleben der Menschheit zu sichern. Der ökologische Fußabdruck belegt die materielle Abhängigkeit des Menschen von der Natur, in dem er sichtbar macht, wie viel biologisch produktive Fläche notwendig ist, um einen gegebenen Lebensstil dauerhaft aufrechtzuerhalten.

Nach Berechnungen von Wackernagel und Rees aus den 90er Jahren standen damals jedem Erdenbürger im Durchschnitt 1,45 Hektar fruchtbares Land und 0,55 Hektar produktive Küstenfläche zur Verfügung. Schon Anfang der 90er Jahre beanspruchten die Bürger der Industrieländer 3 bis 6 Hektar. Dies würde bedeuten, dass 2 bis 4 Erden nötig wären, wenn alle Menschen dieser Erde dem westlichen Lebensstil frönen würden. Mit den Hintergedanken, dass die Weltbevölkerung immer weiter wächst, die biologisch produktive Fläche immer weiter abnimmt (durch Verwüstung, Erosion oder anderen Zerstörungen), die Nutzung fossiler Energien die Klimastabilität gefährdet und der Hunger nach Entwicklung und immer mehr Luxus steigt, schrumpft automatisch die zur Verfügung stehende Fläche für jeden Erdenbürger.

„Wenn also alle Regionen oder Länder dem Beispiel Deutschlands, der Schweiz oder Italiens nacheifern wollten, würde dies umgehend im ökologischen Kollaps enden. Die Einsicht, dass der heutige Lebensstil der Industrieländer nicht von allen imitiert werden kann, ist für viele bedrückend. Es ist nicht gerecht. Wird aber die herkömmliche Entwicklungspolitik fortgesetzt, ist dies gleichbedeutend mit der Einladung ins weltweite Ökochaos" (Wackernagel, 1997, S. 30f).

Diese Erkenntnis wurde bereits in den 90er Jahren von führenden Wissenschaftlern angesprochen, aber wie sieht es zehn Jahre später aus? Wir haben immer noch einen wachsenden Rohstoffbedarf mit verbundenen Abfällen. Wir haben immer noch eine steigende

Flächenbeanspruchung. Und wir haben immer noch ein regelrecht explodierendes Weltbevölkerungswachstum.

Wo sind die Lösungen, die Strategien, die Fortschritte, die uns nachhaltig in Einklang mit der Natur leben lassen? Und wie wird es in Zukunft aussehen wenn wir im Jahre 2040 mit zehn Milliarden Menschen rechnen können, die alle einem „immer besseren Leben" entgegenstreben?

Wie werden wir zukunftsfähig?

Also wie können die Bedürfnisse heutiger Generationen befriedigt werden, ohne die Bedürfnisse künftiger Generationen zu beeinträchtigen, während wir die Biosphäre schützen und menschliches Leid verringern?

Im Grunde müsste den Armen ein größerer Fußabdruck gewährt werden, bei gleichzeitiger Abnahme des Abdruckes der Reichen. Allerdings darf die Summe beider Fußabdrücke nicht größer sein als die Kapazität der Natur, denn sonst würden wir unser eigenes Heim, die Erde, verbluten lassen.

In dieser Diskussion um Nachhaltige Entwicklung ist es wichtig zu wissen, dass selbst dabei unterschiedliche Ansichten vorherrschen. Ob also eine „starke" oder eine „schwache" Nachhaltigkeitsstrategie verfolgt werden solle. Unter „stark" versteht man das Erhalten und sogar Aufstocken des Naturkapitals, um künftigen wachsenden Generationen das gleiche Leben zu gewährleisten. Auf der anderen Seite gibt es Ökonomen, die argumentieren, dass das verlorene Naturkapital doch im gleichen Wert in menschengemachtes Kapital umgewandelt wird und daher kein Verlust des Gesamtkapitals vorliegt. Dies wird als „schwache Nachhaltigkeit" aufgefasst.

Der Ökologische Fußabdruck kann helfen ein gemeinsames Verständnis der Herausforderungen und Bedrohungen zu entwickeln und die Folgen von Lösungsvorschlägen abzuschätzen. Er kann also dazu beitragen, starke Nachhaltigkeit in konkrete Handlungen umzusetzen.

Um diese Strategie der Nachhaltigkeit durchsetzen zu können, bedarf es sinnvoller Messinstrumente. Die klassische Ökonomie, mit deren Messgrößen Kapital, Arbeit und Information, betrachtet die Wirtschaft als Perpetuum mobile und nicht als eine komplexe „dissipative" Struktur, welche in die Biosphäre eingebettet ist und von ihr lebt. Somit sind die Vorstellungen der Volkswirtschaftslehre unzureichend, um nachhaltig zu leben.

2.2   Funktionsweise / Annahmen / Berechnung

Der Ökologische Fußabdruck nach Wackernagel und Rees erfasst die Naturbelastung durch eine Bevölkerung, indem sie deren gesamten Verbrauch analysiert. Es wird ein Produkt aus Bevölkerungszahl und Pro-Kopf-Verbrauch gebildet. Dieses wird dann in eine biologisch produktive Fläche umgerechnet und damit kann die ökologische Nachfrage des Menschen in einer Zahl dargestellt werden. Wenn man dann diese „Flächenzahl" des Fußabdrucks mit der biologisch produktiven Fläche der Region oder des Landes vergleicht, zeigt sich, ob und wenn ja, inwieweit die lokale Tragfähigkeit überschritten worden ist.

Die folgenden Annahmen und Vereinfachungen begleiten das Modell des ökologischen Fußabdrucks:

- begrenzte Zahl an Verbrauchsartikeln und Abfällen
- das erforderliche Land (Forst- und Landwirtschaft) wird nachhaltig genutzt (d.h. Unterschätzung des Fußabdrucks, weil nicht immer nachhaltig gewirtschaftet wird)
- es werden nur grundlegende Funktionen der Natur berücksichtigt: Beanspruchung nichterneuerbarer Ressourcen, den produzierten Abfall, die Belastungen durch Infrastruktur und den Wasserverbrauch
- nur die dominanteste Funktion einer Fläche wird berechnet, nicht aber die eventuellen zusätzlichen Nutzungen/Funktionen (zum Beispiel wird nur der Flächenverbrauch eines Hauses berücksichtigt, nicht aber die eventuelle Energieproduktion von Solarzellen auf dem Dach)
- vereinfachte Klassifizierung der ökologisch produktiven Fläche in 4 bis 9 Kategorien

Aufgrund dieser Annahmen und Vereinfachungen wird der wirkliche Flächenverbrauch des Menschen unterschätzt, so dass der riesige berechnete Fußabdruck der Menschheit leider nicht einmal der Realität entspricht.

Die folgende Abbildung zeigt die bildliche Umsetzung des Konsums in die Fläche eines Fußabdrucks und bestimmt damit die Größe des Flächenverbrauchs.

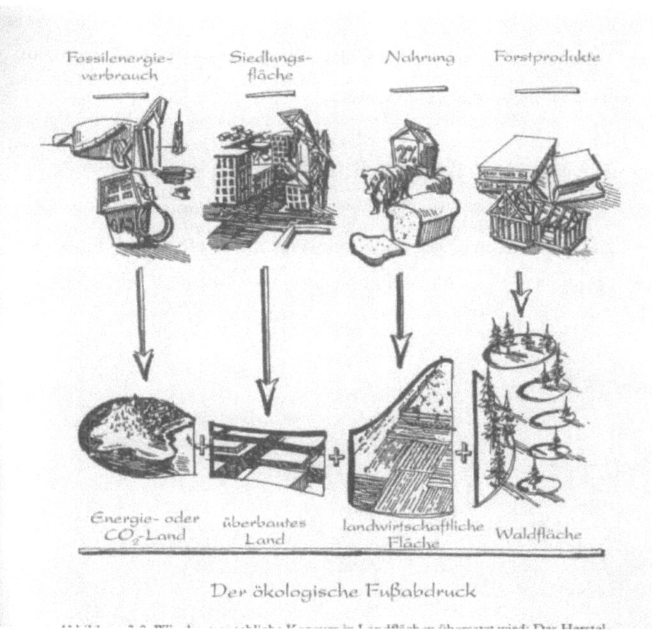

Abb. 1: der ökologische Fußabdruck. Wackernagel, 1997, S.91.

Wie aber funktioniert die Berechnung?

Zunächst muss der jährliche Pro-Kopf-Verbrauch einer Bevölkerung bestimmt werden. Dabei beschränkt man sich auf die wichtigsten Verbrauchsgüter. Aus diversen Statistiken werden dann Energieverbrauch, Nahrungsmittelkonsum, Forstproduktion und Haushaltsausgaben aufsummiert. Je kleiner eine Region oder gar ein Haushalt ist, umso komplexer kann der Verbrauch dargestellt werden. Ein nationaler Verbrauch lässt sich auch einfacher aus der Summe von Produktion und Import, abzüglich des Exports ermitteln.

Im nächsten Schritt wird kalkuliert, wie viel ökologische Fläche pro Kopf für jedes Gut verbraucht wird. Dabei wird der jährliche Verbrauch eines Gutes durch die entsprechende ökologische Produktivität oder auch Ernte geteilt. Bei Gütern wie Kleidung oder Möbel gibt es verschiedene ökologische Inputprodukte. Bei diesen Gütern werden die Flächen pro Inputgut getrennt berechnet und später zusammengezählt. Um den ökologischen Fußabdruck einer Person zu errechnen, werden also die einzelnen Teilflächen aller Konsumgüter aufsummiert und als Hektar pro Person dargestellt. Wenn man nun einen Durchschnittsfußabdruck ermittelt und diesen mit der Bevölkerungszahl eines Landes multipliziert, errechnet man den Fußabdruck eines Landes.

Um die Datensammlung zu vereinfachen, wird der Konsum in fünf Kategorien aufgeteilt: 1. Nahrung, 2. Wohnen, 3. Transport, 4. Konsumgüter, 5. Dienstleistungen. Des Weiteren stellen acht wesentliche Land- und Meereskategorien eine Vielzahl ökologischer Funktionen sicher. Die nachfolgende Tabelle zeigt Landnutzungskategorien, auf die sich der ökologische Fußabdruck stützt.

Tab. 1: Landnutzungskategorien. Wackernagel, 1997, S. 93.

Tabelle 3.1: Die acht Land- und Landnutzungskategorien und zwei Meereskategorien, die für Fußabdruckschätzungen dienen.

Gruppen	Landkategorien
I. Land für Fossilenergie	a. Land, das wegen der Nutzung von Fossilenergie belegt wird (es wird entweder zur Energieproduktion oder CO_2-Absorption verwendet. Für das erstere müßten wir zusätzliches Land der Kategorien c, d oder e, für das letztere Land der Kategorie f nutzen)
II. Verbrauchtes Land	b. vom Menschen degradiertes oder überbautes Land (oft in den fruchtbarsten Ökosystemen der Welt zu finden, da dort die menschlichen Siedlungen entstanden sind)
III. Heute beanspruchtes Land	c. Ackerfläche d. Weiden e. forstwirtschaftlich genutzte Wälder
IV. Begrenzt nutzbares Land	f. nahezu bis vollständig unberührte Wälder g. biologisch praktisch unproduktives Land (vor allem Eis- und Sandwüsten)
V. Meeresflächen	h. hochproduktive Meeresgebiete wie Riffe, Kontinentalsockel und Deltas i. wenig produktive Meeresgebiete, wie die Hochsee

Da nun also die wichtigsten Konsum- und Landkategorien definiert wurden, werden mit dem geschilderten Berechnungsverfahren die Beziehungen der jeweiligen Kategorien ermittelt. Die errechneten Daten für jede Kategorie stellen eine Ökobilanz eines Verbrauchsgutes dar und werden in einer Konsum-Landflächen-Matrix dargestellt. Es wird also die Fläche errechnet, die zur Produktion, Nutzung und Entsorgung des Gutes verbraucht wird.

Tab. 3: Konsum-Landflächen-Matrix eines Kanadiers. Wackernagel, 1997, S. 121.

Biologisch produktives Land in Hektar pro Kopf	**A** Fossil- energie	**B** Sied- lung	**C** Acker	**D** Weide	**E** Wald	**Total**
1. Nahrung	0,33		0,48	1,91	0,02	2,74
1.1 vegetarischer Anteil	0,14		0,22		0,01	
1.2 tierische Produkte	0,19		0,25	1,91	0,01	
2. Wohnen	0,41	0,08			0,90	1,39
2.1 Konstruktion	0,06				0,75	
2.2 Operation	0,35				0,15	
3. Transport	0,79	0,12			0,04	0,95
3.1 privater Motorverkehr	0,60					
3.2 öffentlicher Verkehr	0,07					
3.3 Gütertransport	0,12					
4. Konsumgüter	0,53	0,01	0,04	0,13	0,50	1,21
4.0 Verpackung	0,10				0,04	
4.1 Kleider	0,11		0,01	0,13		
4.2 Möbel & Holzprodukte	0,06				0,26	
4.3 Lesematerial & Papier	0,06				0,17	
4.4 Tabak & Alkohol	0,06		0,03			
4.5 persönliche Pflege	0,03				0,01	
4.6 Freizeitartikel	0,10				0,02	
4.7 andere Güter	0,01					
5. Dienstleistungen	0,30	0,01				0,31
5.1 Regierung (inkl. Militär)	0,06					
5.2 Ausbildung	0,08					
5.3 Gesundheitswesen	0,08					
5.4 Sozialhilfe	0,00					
5.5 Tourismus	0,01					
5.6 Unterhaltung	0,01					
5.7 Bank & Versicherung	0,01					
5.8 andere Dienstleistungen	0,05					
Total	2,36	0,22	0,52	2,04	1,46	6,60

Diese Tabelle zeigt eine sehr aufwendige Berechnung des ökologischen Fußabdrucks eines „Durchschnittskanadiers". Hier wird also für jede Nutzungskategorie eine entsprechend benötigte Landfläche errechnet und schließlich aufsummiert, sodass sich ein gesamter Fußabdruck von 6,6 ha pro Kanadier ergibt.

Um diese Berechnungen ein wenig detaillierter auszuführen, wird nachfolgend erklärt, wie sich der Flächenverbrauch von Fossilenergie und erneuerbaren Energien zusammensetzt. Fast die gesamte Energie, die das Leben auf der Erde und damit auch Unseres sichert, stammt von der Sonne. Ihre Einstrahlungsenergie übertrifft, die zurzeit durch den Menschen genutzte Energie, um das 17.500fache. Da die Sonnenstrahlung bis heute nur im begrenzten Maße direkt zur Energiegewinnung genutzt werden kann, bleibt der größte Teil dieser Energie ungenutzt. Von etwa 175.000 Terawatt Sonnenenergie, wird nur etwa 150 Terawatt durch die Photosynthese in Biomasse umgewandelt. Da aus dieser Biomasse wiederum nur ein kleiner Teil als Brennmaterial verwendet werden kann, reicht die Nutzung von Biomasse in natürlich wachsender Form nicht mehr aus, um unseren Energiehunger zu stillen. Demzufolge werden fossile Energieträger aus den Tiefen der Erde genutzt. Um den Landbedarf fossiler Energie zu berechnen verwendet Wackernagel drei verschiedene Methoden, die allerdings alle zu dem etwa gleichen Ergebnis kommen: „Der Verbrauch von achtzig bis hundert Gigajoule [1000 Gigajoule pro Sekunde sind ein Terawatt] fossiler Energie pro Jahr belegt einen Hektar biologisch produktives Land" (Wackernagel, 1997, S. 97). Die CO_2-Methode, die wohl auch in der Öffentlichkeit die größte Akzeptanz erfahren würde, beruht darauf eine Fläche zu schätzen, die durch Verbrennung entstandenes CO_2 absorbieren kann. Diese Methode setzt also beim Abfall an. Sie weist darauf hin, dass wir der Zunahme von Treibhausgasen entgegenwirken müssen. Der Wirkungsgrad eingesetzter fossiler Energien liegt gerade einmal bei 30%, während erneuerbare Energien wesentlich effizienter sind. Zum Beispiel die Flächenberechnung für Wasserkraft ist besonders einfach. „Der jährlich erzeugte Strom wird dividiert durch die Fläche des überschwemmten Gebiets hinter den Dämmen plus der Landfläche, die von den Korridoren der Hochspannungsüberlandleitungen beansprucht werden" (Wackernagel, 1997, S. 100f).

2.3 Anwendungsmöglichkeiten und Beispielberechnungen

Nachdem nun das Modell des ökologischen Fußabdrucks beschrieben und dargestellt wurde, werden in diesem Abschnitt verschiedene Anwendungen vorgestellt und teils an praktischen Beispielen belegt.

Mit Hilfe des Fußabdrucks können Regionen oder Länder unserer Erde, hinsichtlich ihres „Naturverbrauchs", gut verglichen werden. Dies wurde zum Beispiel von Wackernagel und

Rees mit Deutschland, Österreich und der Schweiz gemacht, wie man in der nachfolgenden Tabelle sieht.

Tab. 3: Fußabdruck der Mitteleuropäer. Wackernagel, 1997, S. 109.

Tabelle 3.3: Der Fußabdruck der Deutschen, Schweizer und Österreicher.

Fußabdruck in Hektar pro Person	Schweiz	Deutschland	Österreich
Fossilenergie	1,40	2,11	1,36
Ackerfläche	0,29	0,40	0,23
Weiden	2,36	1,31	2,11
Wald	0,51	0,44	1,47
Überbautes Land	0,07	0,10	0,07
Fußabdruck auf dem Land	4,63	4,36	5,24
Fußabdruck im Meer	0,57	0,85	0,39
Gesamtfußabdruck	**5,20**	**5,21**	**5,63**

Natürlich gibt es innerhalb eines Landes auch größere Unterschiede in Abhängigkeit vom Einkommen, Verhalten, Konsumgewohnheiten und persönlichen Wertvorstellungen.

Würde man nun die Fußabdrücke dieser drei Länder mit der lokalen und globalen ökologischen Kapazität vergleichen, also mit der biologisch produktiven Fläche, die ein jedes Land besitzt oder mit der gesamten produktiven Erdfläche, bekommt man einen guten Eindruck, wie sehr wir über unseren Verhältnissen und denen der gesamten Erde leben.

Mit Hilfe der Berechnungen des ökologischen Fußabdrucks könnte man auch abschätzen, wie viele Erden benötigt werden, wenn alle Menschen dem Lebensstil der Industrienationen nacheifern. Dazu würden im Jahre 2040 bei ca. 10 Mrd. Menschen mehr als 3 Erden benötigt. Allein diese Vorstellung, wenn sie auch Kritik fähig ist, zeigt wie stark wir unsere Erde ausbeuten und macht nachdenklich, wenn wir an die Zukunft denken.

Neben ganzen Ländern, lässt sich der Fußabdruck auch auf einzelne Bürger eines Landes oder auf einzelne Städte anwenden. So könnte eine gesunde Konkurrenz entstehen, die der Natur zu Gute kommt. Zum Beispiel könnte eine Stadt mit einem kleinen Fußabdruck mit ihrer Umweltfreundlichkeit werben, oder Politiker ihr Bundesland besonders hervorheben. Dies würde eventuell Standortvorteile bringen und damit Menschen anziehen.

Aufgrund dieser Vergleiche lassen sich Schlussfolgerungen ableiten, die die Denkweise des „Miteinanders" auf der Erde fördern sollten. Zum Beispiel sind die bisherigen Entwicklungsmodelle, die auf die Industriestaaten und deren Lebensweise zugeschnitten wurden, untauglich sind. Denn diese ökologischen „Schulden" führen auf kurz oder lang zu einem weltweiten Kollaps, der auch durch neue „Kredite" nicht aufgehalten werden kann. Damit sollten diese Fußabdruckschätzungen zu einem Umdenken beitragen und den Entscheidungsträgern in Wirtschaft und Politik helfen, ihre vielleicht unpopulären Maßnahmen zu rechtfertigen oder zu mindest zu erklären.

Diese bis jetzt sehr allgemeinen globalen Schlussfolgerungen lassen sich natürlich auch kleinmaßstäblicher anwenden. Ein jeder von uns kann sich fragen und sogar berechnen, ob dieser Lebensstil zukunftsfähig, im Hinblick auf die ökologische Tragfähigkeit der Erde ist, oder ob wir selber über den Verhältnissen der Natur leben. Dies beginnt schon bei der Auswahl unserer Nahrung. Müssen wir im Winter Erdbeeren essen, die wir über tausende Kilometer importieren würden, oder müssen wir überhaupt Bananen oder Melonen importieren, weil sie bei uns nicht wachsen? Des Weiteren können wir uns die Frage stellen, wie oft wir mit dem Auto fahren, oder ob es nicht angebracht wäre, das Fahrrad oder öffentliche Verkehrsmittel zu nutzen.
Weiterhin beeinflusst das Wohnen unseren Fußabdruck. Das heißt eine höhere Wohndichte würde den Transportbedarf eines jeden Bürgers verringern, zusammenstehende Gebäude verbrauchen bis zu 50 % weniger Heizenergie und alleine die Größe unserer Wohnfläche bestimmt den Energieverbrauch deutlich.

Durch den ökologischen Fußabdruck lassen sich bei herkömmlichen Umweltverträglichkeitsprüfungen, besonders bei Megaprojekten, auch indirekte Effekte, wie Veränderungen im Lebensstil der Bevölkerung oder zukünftig erhöhte Energieverbräuche, abschätzen.

Mit Hilfe des Bildes eines Abdrucks unseres eigenen „Gewichtes" auf der Erde, sei es das Gewicht eines Landes oder unser Eigenes, benötigen wir einen relativ großen Fuß. Dieses sehr anschauliche didaktische Mittel, lässt das Verständnis unserer Kinder schärfen, wie und unter welchen Umständen sie in Zukunft leben wollen. Und nicht nur die Jugend profitiert, sondern Jeder kann sich durch diese Vorstellung ein gutes Bild über erhobene Daten und Rechnungen machen.

Mit diesen Beispielen zu Anwendungsmöglichkeiten, lassen sich also im Grunde folgende Fragen beantworten:

Wie groß ist unsere Abhängigkeit von globalen Ökosystemen?

Wie stark belasten wir Ökosysteme?

Sind die Kapazitäten der Natur ausreichend, um unsere Bedürfnisse bei steigenden Bevölkerungszahlen zu erfüllen, oder wo liegen die Grenzen?

Wir können also:

- die ökologische Vergleichbarkeit verschiedener Regionen und deren Lebensstile auf der Erde realisieren;

- ökologische Defiziten und Konsequenzen verschiedener Nutzungsarten für die Natur erkennen;

- zeitliche Perspektiven biologisch produktiver Flächen beleuchten;

- Umwelterziehung der Schüler veranschaulichen;

- den ökologischen Fußabdruck bei Kommunalprogrammentwicklungen, in der Politik, in Technologieabschätzungen und bei Umweltberichten nutzen;

- das Ausmaß des weltweiten Überziehens und die ökologischen Defizite eines Landes schätzen;

- die Produktion der Biosphäre mit dem Verbrauch von Volkswirtschaften schätzen;

- Nachhaltigkeitsdefizite enthüllen;

- den Fortschritt in Richtung Nachhaltigkeit mit Hilfe des Fußabdrucks überwachen.

Um Ihnen einen kleinen Einblick in bereits errechnete Daten zu geben, werden nachfolgend ein paar Beispiele näher erläutert.

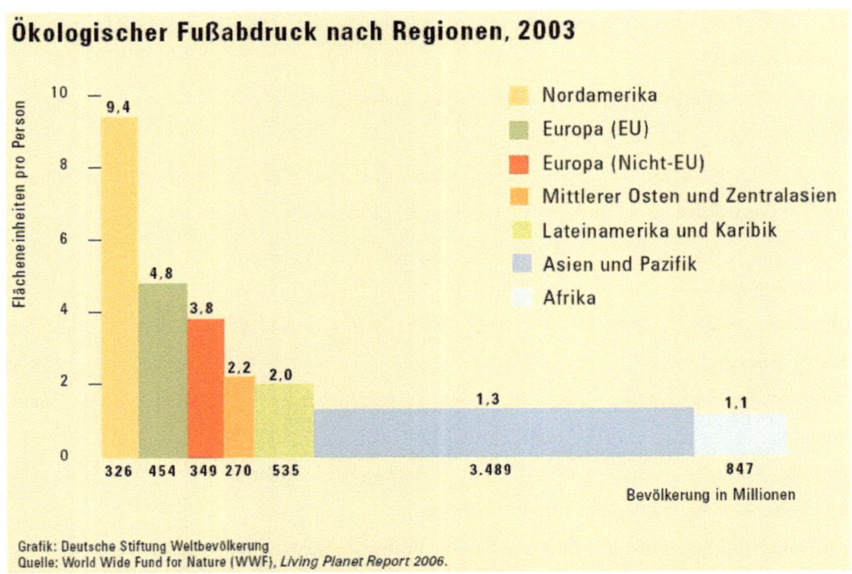

Abb. 2: Ökologischer Fußabdruck nach Regionen der Welt. WWF, Living Planet Report 2006.

Diese Abbildung zeigt eindrucksvoll, in welchem Überfluss alle Industrieländer leben. In diesem Jahr, also mit dieser Zahl der Weltbevölkerung, dürfte ein jeder Erdenbürger gerade einmal 1,8 ha produktive Landfläche verbrauchen, damit alle Menschen denselben Lebensstandard haben. In diesen errechneten Fußabdrücken, sieht man deutlich, dass gerade die Menschen aus Nordamerika und Europa weit über ihren Verhältnissen leben, während die Asiaten und Afrikaner zu wenig Fläche für eigene Versorgung zur Verfügung haben.

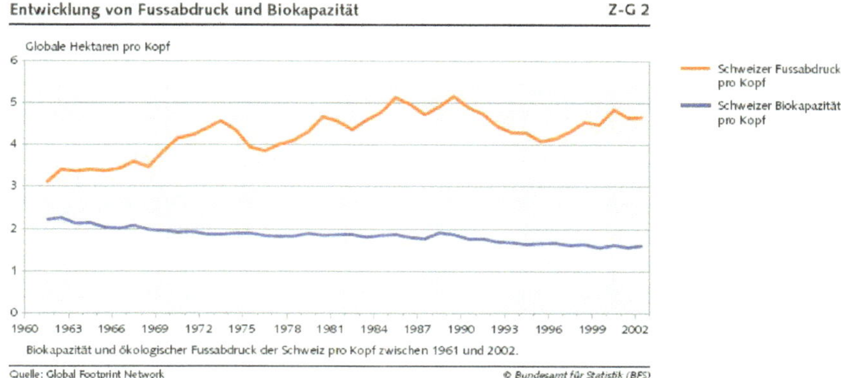

Abb. 3: Schweizer Fußabdruck. BRE, DEZA, BAFU, BFS (2006): Statistik der Schweiz. Neuchâtel.

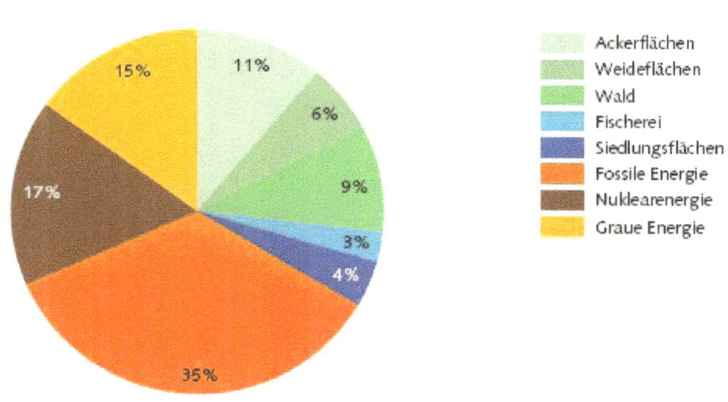

Abb. 4: Zusammensetzung des Schweizer Fußabdrucks. BRE, DEZA, BAFU, BFS (2006): Statistik der Schweiz. Neuchâtel.

Diese beiden Abbildungen geben Berechnungen des Ökologischen Fußabdrucks für die Schweiz wieder. In der Abbildung …. Sieht man einen Zeitverlauf, bei dem der Fußabdruck eines Schweizers im Laufe der Jahre immer weiter steigt, während die eigentlich für eine Person zur Verfügung stehende Fläche immer weiter abnimmt.

In dem sich anschließenden Kreisdiagramm sieht man die Flächenbeanspruchung der einzelnen Nutzungskategorien. Dabei ist besonders auffällig, dass der gesamte Energiebedarf zwei Drittel der gesamten benötigten Fläche ausmacht, wobei die fossile Energie den größten Flächenanspruch besitzt.

Um ein abschließendes Beispiel vorzustellen, zeigt die nachfolgende Abbildung den errechneten Flächenverbrauch der Stadt Berlin. Der ökologische Fußabdruck liegt im Jahre 2001 bei 4,41 ha pro Bürger der Stadt.

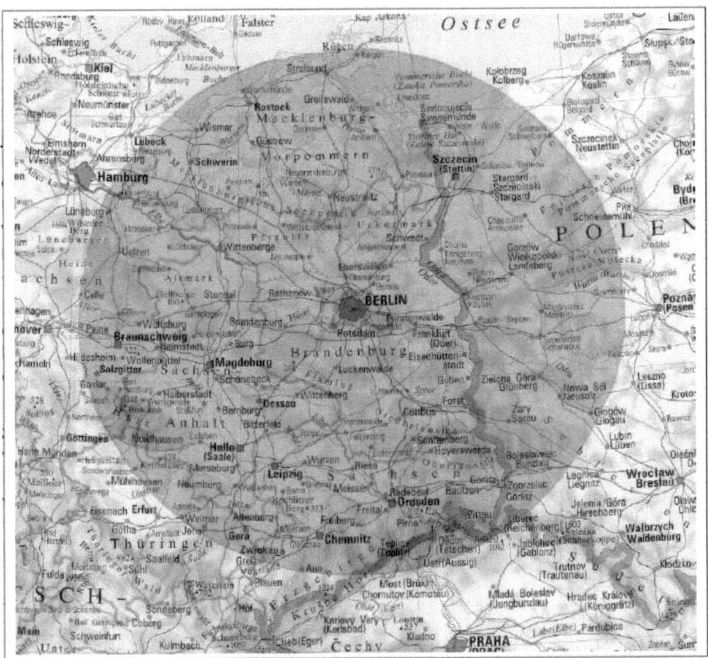

Abb. 5: Der Flächenverbrauch der Stadt Berlin. Schnauss, M. (2001): Der ökologische Fußabdruck der Stadt Berlin.

Nachdem nun der ökologische Fußabdruck beschrieben und näher beleuchtet wurde, nachdem klar ist was dahinter steckt und wie man ihn berechnet, nachdem Anwendungsmöglichkeiten und Beispiele präsentiert wurden, stellt sich einem Jeden von uns die Frage: Wollen wir etwas ändern und fangen wir in erster Linie bei uns selber an? Diese Frage sollte Jeder mit seinem eigenen Gewissen vereinbaren und dann dementsprechend handeln. Um seinen eigenen

Fußabdruck zu verringern hat zum Beispiel die WWF eine Liste wichtiger Tipps herausgegeben, mit deren Unterstützung wir unseren eigenen Fußabdruck um bis zu 1,5 Hektar senken können und damit einen wichtigen Beitrag zum Erhalt unserer Erde beitragen können. Wir sollten zum Beispiel auf den Energieverbrauch der elektrischen Geräte achten (kein Standby-Modus verwenden oder Energiesparlampen nutzen), unsere Ernährung überdenken (weniger Fleisch essen oder nur alleine einen Deckel auf den Kochtopf spart Energie), überlegen wie wir wohnen (duschen statt baden, Raumtemperatur um ein Grad senken oder intelligenter Lüften), auf unsere Konsumgüter achten (Recycling von Metallen oder Altpapier sammeln) und schließlich unsere Mobilität einschränken (Kurzstrecken mit dem Fahrrad statt dem Auto oder Nutzung öffentlicher Verkehrsmittel). All diese Kleinigkeiten würden den riesigen Energiebedarf unseres Lebens verringern und damit weniger die Erde beanspruchen auf der wir noch lange Leben möchten und auch künftige Generationen Überleben wollen (WWF: www.wwf.at, Stand: 10.07.08).

3.   Sustainable Process Index (SPI)

3.1   Definition

Der „Sustainable Process Index" ist ein weiteres Instrument der ökologischen Nachhaltigkeit und stellt eine erweiterte Methode zur Berechnung des „Ökologischen Fußabdrucks" dar. Auf Grundlage des Gedanken, dass das primäre Einkommen der Erde die solare Energie ist und jeder lebende Prozess damit in Verbindung steht, wurde die Erdoberfläche zur Basis für die Bewertung festgelegt. Die Eroberfläche bei der Berechnung des SPI soll aber nicht nur die Fläche an sich darstellen wie beim Ökologischen Fußabdruck, sondern zusätzlich erfolgt auch die Betrachtung des Bodens, der Luft und des Wassers. Die Erdoberfläche bildet sozusagen die Schnittstelle zwischen den natürlichen ablaufenden Prozessen innerhalb dieser Bereiche. Der Vorteil des SPI besteht darin, dass er auf jede Art von Prozessen angewendet werden kann, die innerhalb von Stoff- und Energieflüssen ablaufen.

Zusätzlich erfolgt bei der Anwendung des SPI eine Bewertung der verschiedenartigen Rohstoffe und Emissionen. So bietet der Sustainable Process Index im Gegensatz zum Ökologischen Fußabdruck beispielsweise die Möglichkeit zu unterscheiden, ob ein Auto mit Normalbenzin oder Biodiesel fährt. Auch die Beurteilung von Emissionen als Output-Faktor bildet eine wichtige Grundlage für den SPI. So orientiert sich das Modell an globalen Zyklen und der tatsächlichen Qualität der Umwelt (Krotscheck/ Narodoslawsky 1996, S.245 ff.).

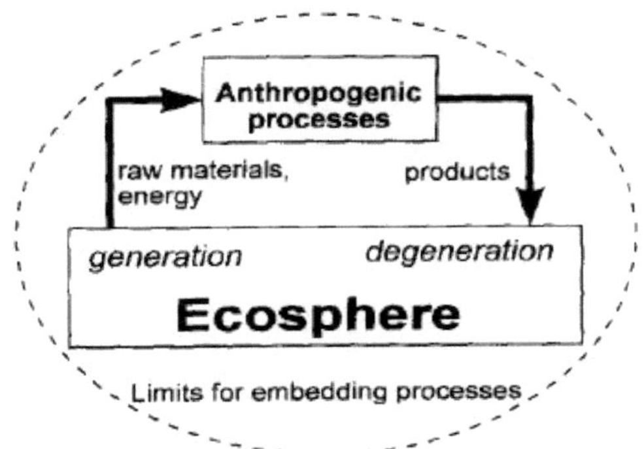

Abb. 7: Grenzen für die Einbindung anthropogener Prozesse in die Ökosphäre (Basis des SPI Konzepts)
Quelle: Krotscheck/ Narodoslawsky 1996, S. 242

3.2 Berechnung des SPI

Um den SPI berechnen zu können, müssen Material- und Energieflüsse, die mit Prozessen in Verbindung stehen, anhand von Flächen ermittelt werden. Die eigentliche Berechnung beginnt mit der Ermittlung der „totalen Fläche".

$$A_{tot} = A_R + A_E + A_I + A_S + A_p \text{ (Maßeinheit: m}^2\text{)}$$

A_R is the area requirement to produce raw materials, (benötigte Fläche zur Rohstoffproduktion)

A_E is the area necessary to provide process energy, (benötigte Fläche zur Bereitstellung von Prozessenergie)

A_I is the area to provide the installations for the process, (benötigte Fläche zur Prozessvorbereitung)

A_S is the area required for the staff (benötigte Fläche für das erforderliche Personal)

A_P is the area to accommodate products and by-products (benötigte Fläche für Produkte und Nebenprodukte)

Als zeitlicher Bezugsrahmen wird in der Regel ein Jahr angenommen. Die anschließende Division der „Totalen Fläche" durch die Anzahl der Service-Einheiten (z.B. Produkteinheiten) eines Jahres ergibt dann die „Spezifische (nachhaltige) Service Fläche".

$$a_{tot} = A_{tot} / S_{tot} \text{ (Maßeinheit: m}^2\text{*Jahr/ Service-Einheiten)}$$

a_{tot} = specific (sustainable) service area

S_{tot} = number of unit-services

Die Fläche a_{tot} ist ein Vergleichsmaß der Nachhaltigkeit. Um nun letztendlich den SPI zu ermitteln, muss die Fläche a_{tot} durch die Fläche dividiert werden, die jedem Einwohner der untersuchten Region zur Verfügung steht (a_{in}).

$$SPI = a_{tot} \, / \, a_{in} \quad \text{(Maßeinheit: Einwohner(pro Kopf)/ Service-Einheit)}$$

a_{in} = area per inhabitant

Letztendlich gibt der ermittelte Wert an, wie viel von der Fläche, die nötig ist um die nachhaltige Existenz einer Person zu sichern, benutzt wird für die Herstellung einer Dienstleistung bzw. Produkteinheit. Zusätzlich können anhand des SPI auch gewisse Nutzungsverteilungen von Rohstoffen und deren Auswirkungen ermittelt werden. Aus diesem Grund eignet sich der SPI recht gut als Indikator für die Sicherstellung einer zukünftigen Verteilungsgerechtigkeit innerhalb der Diskussion der nachhaltigen Entwicklung (Krotscheck/Narodoslawsky 1996, S.246 ff).

3.3   Reduzierung des SPI

Es gibt drei wesentliche Möglichkeiten um negative ökologische Auswirkungen, die durch einen Prozess entstehen, zu vermindern und damit auch den SPI zu reduzieren.

1. Recycling von Materialien

2. Reduzierung des Verbrauchs von Rohstoffen und Energie

3. Mehrfachnutzung von Flächen

Recycling ist aber nur dann sinnvoll, wenn der Recycling-Prozess weniger Rohstoffe und Energie in Anspruch nimmt, als durch den Prozess eigentlich einspart wird.

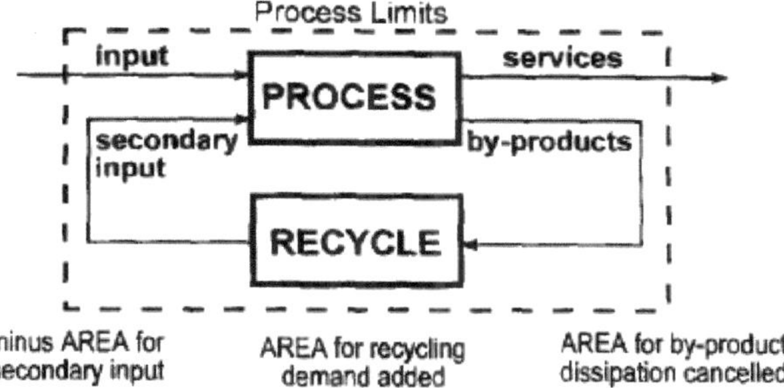

Abb. : Prozessschema mit Grenzen für einen Recyclingprozess
Quelle: Krotscheck/ Narodoslawsky 1996, S. 253

Für die Reduzierung des Verbrauchs von Rohstoffen und Energie müssen bestimmte Grenze festgelegt werden. Die beanspruchten Flächen für die Aufstellung dieser Grenzen sollten aber nicht größer sein als die geschützten Flächen an sich.

Die Mehrfachnutzung von Flächen kann nur Erfolgen, wenn ein ausreichendes Wissen über das dort befindliche Ökosystem vorhanden ist und dieses nicht nachhaltig gestört wird.

4.   Fazit

In dieser Arbeit wurde versucht Ansätze für eine gerechtere Verteilung von Ressourcen vorzustellen und näher zu betrachten. Mit dem Hintergedanken von steigender Weltbevölkerung, dem Klimawandel, wachsenden Umweltproblemen (Bodendegradierung und Bodenerosion etc.), mangelndem Wasser und damit verbunden mangelndem Nahrungsangebot in vielen Regionen der Erde, versuchen diese Ansätze das Verständnis für die Verteilung und den Umgang mit Ressourcen, für die Armutsbekämpfung und für Gerechtigkeit zu schüren, um ein vernünftiges und nachhaltiges Leben in Zukunft als selbstverständlich anzuerkennen.

Jegliche neuen Ansätze, die das aktuelle Wirtschaften auf der Erde kritisch sehen und damit zum Nachdenken anregen, bringen automatisch viele Gegner auf den Plan. Wer will schon hören, dass wir einem Untergang der Menschheit oder einem Ökochaos entgegen streben und auch noch selbst dafür verantwortlich sind? Wer will also schon bekennen, wie „unverantwortlich und gierig" wir sind und wie schlecht es uns und unseren Kindern in Zukunft gehen könnte.

Das nun solche Schreckensszenarien Angst und Bange machen und man diese lieber verdrängen will, leuchtet ein. Im Grunde sind auch keine besonderen Menschengruppen als Kritiker zu benennen, sondern es ist vielmehr die Unvernunft, die Bequemlichkeit und die Sucht nach Wohlstand eines jeden Einzelnen. Oder würden Sie plötzlich weniger Fleisch essen, mehr Energie sparen und weniger mobil sein, „nur" um die Natur und damit uns Menschen zu retten? Die Erde könnte ohne uns leben, wir aber nicht ohne die Erde. Dies sollte Jedem klar sein!

Deswegen dürfen wir nicht von der „Substanz" der Erde existieren, sondern sollten vielmehr im Einklang mit der Natur von deren „Zinsen" leben!

Quellenverzeichnis

BRE, DEZA, BAFU, BFS [Hrsg.] (2006): Statistik der Schweiz. Neuchâtel.

BUND/MISEREOR [Hrsg.] (2002): Wegweiser für ein zukunftsfähiges Deutschland. München.

BUND/MISEREOR [Hrsg.] (1996): Zukunftsfähiges Deutschland. Ein Beitrag zur global nachhaltigen Entwicklung. Basel.

Daxbeck, H. / Kisliakova, A. / Obernosterer, R. (2001): Der ökologische Fußabdruck der Stadt Wien. Wien.

Institut für sozial-ökologische Forschung [Hrsg.] (1994): Sustainable Netherlands. Aktionsplan für eine nachhaltige Entwicklung der Niederlande. Karben.

Krotscheck, C./ Narodoslawsky, M. (1996): The Sustainable Process Index. A new dimension in ecological evaluation. In: Ecological Engineering, H.6, S. 241-258.

NEDS [Hrsg.] (2007): Die Deutung von Nachhaltigkeit in Wissenschaft und Politik und ihre Implikationen für die europäische Stadt- und Regionalentwicklung. http://www.neds-projekt.de/Download/ NEDS_WP_7_06_2007.pdf

Schnauss, M. (2001): Der ökologische Fußabdruck der Stadt Berlin.

Wackernagel, M. / Rees, W. (1997): Unser ökologischer Fußabdruck. Wie der Mensch Einfluß auf die Umwelt nimmt. Basel, Bosten, Berlin.

Worldwatch Institut [Hrsg.] (2001): Report zur Lage der Welt 2001. Zehn Jahre nach Rio: Das Ende der „wilden Globalisierung"?. Washington, D.C.

WWF [Hrsg.] (2006): Living Planet Report 2006.